MARMANDE

N'A AUCUN DROIT

à la Marque "Bordeaux"

MÉMOIRE

Adressé, le 4 Octobre 1909, à M. le Garde des Sceaux, Président du Conseil d'Etat,

PAR LE Dr GEORGES MARTIN

Président de la Société d'Histoire de Bordeaux,

Président de la Société des Archives Historique de la Gironde,

Président de l'Union Girondine des Syndicats Agricoles et du Syndicat Viticole des Graves.

Marmande était dans l'Agenais, et cette province faisait partie du Haut-Pays, qui commençait à St-Macaire, limite de la Sénéchaussée de Bordeaux et du Pays Bordelais.

Marmande n'était donc pas dans le pays Bordelais, et, par conséquent, ne pouvait vendre ses vins comme vins de Bordeaux.

A la vérité, Marmande était dans la généralité de Guyenne, mais dans la province de la Haute-Guyenne dont les règlements en matière de vins différaient profondément de ceux de la Basse-Guyenne, plus connue sous le nom de Guyenne. Cette dernière, en effet, était formée par la Sénéchaussée de Bordeaux et la Haute-Guyenne par celle d'Agen, dont les vins subissaient le sort de tous les vins du Haut-Pays.

L'Agenais était séparé du Bordelais par le Bazadais qui, lui aussi, dépendait du Haut-Pays et était assujetti aux lois sévères qui réglaient la descente et la vente de ces vins.

Il convient de rappeler ici quelle était cette réglementation.

Il était défendu à ces vins de paraître devant Bordeaux avant Noël, pour les empêcher d'entrer en concurrence avec ceux de la Guyenne.

Lorsqu'ils étaient invendus au 8 septembre, on devait les renvoyer dans leur pays d'origine, ou les transformer, sur place, en eau-de-vie, de façon à empêcher tout mélange avec la nouvelle récolte.

On devait loger les vins des diverses contrées viticoles du Haut-Pays dans des futailles spéciales, différentes de celles du Bordelais et par leur habillage et par leur contenance moindre, à la fois pour les faire reconnaître à première vue et pour gêner leur vente.

Enfin, on devait les entreposer uniquement au fauxbourg des Chartrons ; et, elles payaient de ce fait des droits élevés.

Cette réglementation — on le voit — était semblable à celle des vins de Bergerac, sauf que ceux-ci pouvaient descendre en tout temps vers la mer par la Dordogne.

Dans aucunes circonstances, les vins du Haut-Pays de Guyenne ne purent aborder Bordeaux avant Noël, malgré de nombreuses suppliques des Agenaïs. Une ou deux fois, s'associant aux demandes répétées du Quercy, ils obtinrent de laisser à Bordeaux, après le terme fatal, leurs vins invendus. Les raisons qu'ils mirent en avant, étaient majeures : une guerre, des glaces qui avaient retardé l'arrivée des vins. Du reste, l'autorisation accordée concernait une seule récolte et portait la mention : sans tirer à conséquences.

Les habitants de la Haute-Guyenne firent également diverses démarches pour obtenir la liberté de la jauge ; mais leur demande ne fut pas plus couronnée de succès que celle des Bergeracois.

A l'appui de tous ces dires, nous avons déjà fourni, dans notre mémoire ampliatif, de décembre 1908, de nombreux titres justificatifs ; nous en annexons d'autres au présent travail.

L'on pourra se convaincre qu'aucun d'eux ne vient autoriser l'entrée de vins étrangers à la Sénéchaussée, quand les besoins du commerce bordelais semblaient l'exiger. Un des documents produits parle même d'une forte condamnation infligée à un capitaine de navire qui, sous prétexte d'une récolte insuffisante dans le pays bordelais, avait été acheté des vins à Marmande, ce qui était absolument contraire aux statuts de la ville, approuvés par divers édits royaux.

* * *

Nous l'avons déjà dit, les prétentions de nos voisins du Lot-et-Garonne ne sont basées sur aucun titre. Venant de notre part, une telle affirmation peut paraître suspecte, car, nous sommes girondin et propriétaire de vignobles. Mais personne ne mettra en doute les écrits d'un universitaire qui habite Agen.

M. Granat, professeur d'histoire au lycée de cette ville, vient de publier tout dernièrement, en 1908, un ouvrage intitulé « Le livre d'or de la vigne en Agenais et en Lot-et-Garonne pendant deux siècles, depuis l'hiver de 1709 jusqu'en 1908 ». Nulle part, dans ce livre, il n'est parlé d'un droit quelconque pour les Agenais en général et pour les Marmandais en particulier, à la marque « Bordeaux ». Si ce droit avait naguère existé, ou s'il existait encore, il aurait certainement été établi par un homme de la valeur de M. Granat qui, avant de se mettre à écrire, s'était documenté comme il convient. Cet historien, en effet, a fouillé les archives d'Agen et des diverses communes du Lot-et-Garonne, les dépôts publics de Bordeaux et de nombreux papiers privés ; il a également consulté les procès-verbaux des séances du Conseil général, les bulletins des comices agricoles et les journaux d'agriculture. Si M. Granat reste muet sur ce point d'histoire, c'est qu'il n'existe rien.

Il y a une raison pour cela ; c'est que jamais la moindre commune du Lot-et-Garonne n'a eu le droit d'employer le nom de « Bordeaux »; jamais, à aucune époque, ni avant ni après la Révolution, les habitants de cette contrée « terre riche aux multiples cultures », n'ont osé prétendre à cette marque.

A la vérité, pendant plusieurs siècles, la Haute Guyenne a été en lutte avec la Guyenne, mais ce n'était pas, comme aujourd'hui, pour une question de délimitation ni de marque. Alors il s'agissait, pour cette province, comme pour le Quercy, le Languedoc et le Périgord, de faire tomber les privilèges que possédaient les vins bordelais.

Le livre de M. Granat nous fait assister aux entreprises de l'Agenais pour se soustraire à ces lois. Le chapitre III nous retrace le grand procès que cette partie du Haut-Pays eut à soutenir contre le pays Bordelais, tant pour la date de descente des vins que pour leur séjour à Bordeaux, leur logement, et les droits qu'ils avaient à payer.

On y trouve tout d'abord, dans une note de la page 55, ce qu'il faut entendre par vins de Haut-Pays. « *Vins de Haut* est-il écrit, s'entend des vins étrangers à Bordeaux et à la Guyenne ». L'auteur, du reste, pour bien préciser ce qui constituait le Haut-Pays, a eu soin d'ouvrir une parenthèse pour y inscrire les noms suivants : « Agenais, Quercy, Dordogne, etc. »

A la page 42, il indique que la Haute-Guyenne ne devait envoyer ses vins à Bordeaux qu'après le 25 décembre. « Les régions viticoles, autour de cette ville (Bordeaux) avaient, écrit-il, le privilège d'expédier leurs produits en tout temps, tandis que les vins de l'Agenais, du Quercy, et d'une façon générale tous les vins étrangers, que l'on appelait les « Vins de haut » ne pouvaient franchir les frontières de la Guyenne qu'après la Noël, c'est-à-dire lorsqu'un grand nombre d'acheteurs avaient déjà fait leurs provisions. »

A la page 43, il montre en ces termes les conséquences pour les vins de Haut de ce retard dans leur descente :

... « Ce privilège empêchait la concurrence et favorisait, au détriment de tous les autres, les vins de Bordeaux. L'Agenais, le Quercy, le Languedoc eurent à souffrir pendant trois siècles de cette énorme injustice. La vente des vins du Haut-Pays était très difficile. Après la Noël, les vins retenus par les glaces et les tempêtes mettaient deux mois pour aller en Angleterre, dans le Nord de la France ou en Hollande. »

A la page 48, il signale la triste nécessité « pour les propriétaires du Haut-Pays de renfermer les vins invendus dans les chais des Chartrons et d'en laisser le soin et l'entretien aux commissionnaires qui, payant eux-mêmes de gros loyers, en font supporter le poids aux propriétaires. »

A la même page, il s'occupe aussi des vins invendus au 8 septembre et « qui sont dans le cas d'être sujets à la confiscation et versés dans la rivière, ou d'être livrés à grosse perte à de très bas prix. Dans cette fâcheuse alternative, c'est encore une nécessité d'opter pour ce dernier parti, en servant les spéculations, aussi injustes que faciles, des acquéreurs. »

Ces deux dernières citations, M. Granat les a extraites d'un mémoire des Consuls et Jurats d'Agen qui se termine par cette phrase : « Tant de difficultés n'ont pas été sans de vives et réitérées réclamations des pays de vignobles, auxquels se sont jointes les provinces qui en tiraient leurs provisions. (1) »

Tout cela prouve évidemment que les Habitants de la Haute Guyenne se sont maintes fois insurgés contre les privilèges des Bordelais ; mais, de là, à vouloir s'emparer de leur nom, il y avait une distance qu'ils n'ont jamais songé à franchir.

M. Granat n'oublie pas de rappeler que les Agenais possédaient une barrique dont la jauge était surveillée par les Consuls. Les arrêts du Parlement prescrivaient

(1) Granat, p. 49.

pour cette jauge une mesure de 27 à 28 verges, utilisable dans toutes les villes de l'Agenais, du Condomois, du Bazadais et de l'Albret. L'arrêt remontait à 1666. Il fut rappelé plusieurs fois dans le courant du XVIIIe siècle. (1)

On le voit, M. Granat a été amené à des conclusions identiques aux nôtres. Tous nos dires sont confirmés et contrôlés par cet auteur qui n'a pas oublié de mentionner que, dans l'Agenais, chaque centre producteur avait sa marque propre pour l'exportation. Les Consuls des villes faisaient marquer les barriques de leurs administrés avec les armes de la Ville. « A Aiguillon, les barriques portent ces mots : *Jauge d'Aiguillon*. » (2)

***

La Révolution a détruit tous les privilèges des vins de Bordeaux, et c'est à partir de cette époque que les limites du pays bordelais ont été repoussées à celle du département. Il ne faudrait pas d'ailleurs croire que cette division du territoire a été faite de la façon arbitraire que beaucoup imaginent. Ce travail a été précédé de longues études confiées aux députés des régions intéressées, qui, naturellement, se sont préoccupés des besoins économiques de leurs mandants et de l'état des choses, notamment de la carte routière. Or, dans un pays dont la vigne était la richesse et la principale production depuis des siècles, les routes correspondaient fatalement aux nécessité des transports des vins, et la formation de la Gironde est beaucoup moins administrative qu'on ne suppose.

Quant aux habitants du Lot-et-Garonne, libres de leurs mouvements pour la descente de leurs vins et pour la forme et la contenance de leurs barriques, ils se gardèrent de faire la moindre demande pour obtenir leur incorporation aux Bordelais, ils avaient déjà obtenu plus qu'ils ne demandaient.

Ils se contentèrent de planter de la vigne, sans même s'occuper de la qualité de leurs vins. Ce qu'ils recherchèrent, ce fut la quantité, les gros rendements. Ainsi, quand le phylloxéra les atteignit, loin de s'occuper sérieusement de sauver leurs vignes françaises, loin de chercher à conserver le type ancien de leurs vins, de les améliorer, comme cela se faisait en Gironde, par une sélection des meilleurs cépages, loin d'utiliser partout les plants greffés, ils se livrèrent sur une vaste échelle à la culture des produc-

(1) Granat, p. 24.

(2) Granat, p. 23.

teurs directs, qui ont l'avantage, à vrai dire, d'écarter les maladies cryptogamiques, mais qui produisent des vins extrêmement grossiers et nullement susceptibles de faire des Bordeaux, fussent de contrebande.

Les vignobles, rouges et blancs, dont les vins jadis avaient de la réputation, ne furent pas reconstitués. Où parle-t-on des vins rouges de Buzet ? Où boit-on des vins blancs de Clairac, d'Aiguillon, de Port-Ste-Marie ? Nulle part ! La raison : c'est que ces crus n'existent plus. M. Granat, en constatant l'apparition des vins de Jacquez et de Clinton, s'écrie : « l'ancien vignoble avait vécu... »

Et c'est, lorsque l'ancien vignoble du Lot-et-Garonne a disparu, qu'on parle d'incorporer une partie de sonterritoire à la région bordelaise et de lui donner les mêmes droits à la marque « Bordeaux » que nos territoires du Médoc, des Graves, de St-Emilion, de Sauternes !

Et quel territoire est-il question d'annexer ? Celui de Marmande. Ceux qui ont proposé cette annexion n'ont sûrement pas consulté l'historien qu'est M. Granat. Ils auraient appris que Mézin et Marmande sont les centres où le vin est le meilleur marché (1) ; que la valeur de l'hectolitre, en 1902, était, pour ce dernier centre, de 20 francs, tandis que tous les autres centres, au nombre de 34, sauf Houeilles et Lauzun, obtenaient des prix supérieurs, atteignant 25, 30 et même 33 francs. (2).

Les prix pratiqués, de nos jours, par les vins de Marmande expliquent cette autre phrase de M. Granat, au sujet de ce qui se passait au XVIIIe siècle : « La région Marmandaise d'ailleurs et celle de Nérac ne cultivent le vignoble blanc que pour la distillation (3) » Quant aux vins rouges, nous savons déjà ce qu'en pensait l'Intendant Boucher : « Les vins de ce canton (Marmande), écrivait-il à son ministre, n'ont ny assez de corps ny assez de couleur pour soutenir le trajet de la mer, d'icy aux Isles, et il n'y a point de négocians qui osât hasarder de les envoyer sans les avoir coupé avec les vins de la Palu de Bordeaux ». (4)

Et ce sont ces vins, qui, naturalisés Bordelais, seront chargés de porter au loin la renommée des vins de Bordeaux !

Triste renommée, s'ils étaient les seuls *missi dominici !*

---

(1) Granat, p. 153.
(2) Granat, p. 152.
(3) Granat, p. 204
(4) Voir notre mémoire ampliatif, p. 8.

Ce n'est pas avec de tels liquides que la vieille et bonne réputation des vins de Bordeaux sera refaite.

A l'heure actuelle, insuffisamment protégés par les lois, nous assistons sans pouvoir l'empêcher, à l'arrivage de grosses quantités de vins étrangers, qui, après avoir séjourné quelque peu à Bordeaux, en sortent, coupés ou non avec les vins de la région, sous le nom de « Bordeaux ».

Nos pères du XIXe siècle, pas plus défendus que nous le sommes et souffrant des mêmes pratiques, protestèrent et demandèrent au Gouvernement de mettre un impôt prohibitif sur les vins du Haut-Pays. Ils auraient mieux fait de réclamer des lois pénales, efficaces. Peut-être l'ont-ils tenté sans pouvoir mieux réussir que nous, jusqu'ici : les fraudeurs sachant toujours paralyser les meilleures intentions. En tous cas, les suppliques de nos pères sont là qui témoignent qu'ils ont essayé de défendre le *territoire bordelais* contre l'envahissement des mauvais vins du Haut-Pays. On trouvera, parmi les pièces justificatives, à la fin de notre travail, un mémoire adressé à ce sujet au Gouvernement par les viticulteurs du département. La date précise de ce mémoire nous échappe, mais il est sûrement postérieur à la Révolution et probablement du milieu du siècle dernier. Sa lecture indiquera qu'à cette époque, la région bordelaise s'étendait au département de la Gironde, et que les vins du Haut-Pays étaient considérés comme vins étrangers, puisqu'on propose de leur appliquer des droits que n'auraient pas à payer les vins du Bordelais. Pour ceux qui réclament des preuves modernes, celle là, sans doute, leur paraîtra-t-elle assez convaincante ?

Si, depuis la Révolution, Marmande avait fait partie de la région bordelaise, ce serait indiqué dans les divers ouvrages sur les vins, parus pendant la durée du XIXe siècle. Or, aucun d'eux n'en fait mention.

En 1811, Chaptal a écrit un gros volume, intitulé « *le Parfait Vigneron.* » A la page 109, il dit qu'il va parler d'un des plus grands et des plus célèbres vignobles de France, *celui de Bordeaux*. Quelques lignes plus loin, l'auteur ajoute : « Nous croyons devoir faire connaître avec quelques détails les principaux crus dont il *(le Vignoble de Bordeaux)* est formé. »

L'auteur mentionne d'abord les « *vignobles bordelais* de premier ordre » qui sont : « le vignoble du Médoc, le vignoble de Grave, le vignoble blanc qui porte aussi le nom de grave, et les Palus. » Puis, il cite «*les vignobles bordelais* de deuxième ordre» constitués par «l'Entre-deux-Mers, les vignobles du Bourgeais et du Blayais, en dernier lieu, les vignobles de Canon et de St-Émilion.» Telle est l'énumération de Chaptal. Qu'on veuille bien le remarquer, l'auteur parle toujours du vignoble bordelais, et jamais du vignoble girondin, et si ce vignoble s'était étendu à Marmande et à Bergerac, il l'aurait sûrement indiqué.

En 1846, dans son ouvrage «*Bordeaux its Wines*», Cooks limite le pays des vins de Bordeaux à la Gironde et examine uniquement les crus des six arrondissements de ce département.

En 1850, le même auteur fait paraître, en français, un un nouveau livre «*Bordeaux et ses vins*» qui constitue la première édition d'un ouvrage dont Ed. Feret a successivement donné huit éditions. La deuxième édition a paru en 1868, avec 471 pages ; et la huitième en 1908, avec 1111 pages. Il y a donc eu de nombreuses adjonctions.

Cooks, dans son livre de 1850, comme dans celui de 1846, considère comme «Bordeaux» uniquement les produits du sol girondin. C'est aussi l'avis de Feret, dans toutes les éditions qu'il a données.

Ce faisant, cet auteur a cru être absolument dans le vrai ; et, il l'était. Dès 1868, il prend soin de dire que, si des oublis ont été par lui commis, il prie les intéressés de les lui faire connaître. Dans son introduction, il écrit en effet ceci :

«Nous pouvons avec confiance offrir notre livre, sinon comme un document officiel, au moins comme le résultat de longues et consciencieuses recherches.

«Et si, malgré tous nos soins, quelques omissions ou quelques erreurs existent, nous prions instamment nos lecteurs de nous les signaler ; rectification serait faite à la prochaine édition.»

Or, il y a plus de 40 ans que cet avertissement a paru. Les Marmandais et les Bergeracois ont-ils protesté contre l'absence de leur nom et de celui de leur crus ? A un moment donné, ont-ils demandé d'y figurer ? Non ! jamais ! Nous tenons le fait de M. Feret lui-même.

Pourtant «Bordeaux et ses Vins» est un livre fort répandu, le nombre de ses éditions le prouve surabondamment. Nos voisins du Lot-et-Garonne et de la Dordogne n'ont pu l'ignorer. On peut donc hardiment avancer que s'ils sont restés muets pendant près de 40 ans, c'est qu'ils n'avaient rien à réclamer à l'auteur et que celui-ci n'avait pas à les connaître.

Mais supposons par impossible, que nos voisins soient restés dans l'ignorance la plus complète de ce que ce livre contient, il n'en est pas de même des négociants bordelais qui le possèdent tous et qui s'en servent journellement. Si les vins d'une partie du Lot-et-Garonne ou de la Dordogne avaient eu réellement quelques droits à la marque « Bordeaux », ils n'eussent pas manqué de protester contre leur exclusion du livre de Feret.

Or, nos négociants, pas plus que les intéressés, n'ont fait entendre la moindre réclamation. Il est donc de la plus grande évidence que, jusqu'à ces derniers temps, Marmande ni Bergerac n'ont jamais pensé à devenir Bordelais et que personne n'y pensait pour eux. Il a fallu qu'on parlât de délimiter notre région pour leur faire naître ce goût tardif.

L'absence de leur nom dans un ouvrage aussi sérieux que celui de Feret, et qui fait autorité dans le commerce, constitue une preuve de premier ordre en faveur de notre thèse.

Nous le répétons en finissant, rien, ni dans les nombreux documents que nous avons compulsés et dont nous reproduisons ici quelques fragments, rien, disons-nous, ne révèle, ni dans le présent ni dans le passé, le moindre droit de Marmande à la marque « Bordeaux ». Tout s'élève, au contraire, contre les prétentions de nos voisins dont les vins, on l'a constaté, sont parmi les derniers en qualité du Lot-et-Garonne.

Nous ne pouvons accepter la délimitation qu'on nous propose. Le Conseil d'Etat ne permettra pas qu'on abâtardisse la lignée de nos grands vins.

PIÈCES JUSTIFICATIVES

Voir dans notre mémoire ampliatif, parmi les pièces justificatives, les divers documents relatifs :

1° A la descente, au séjour des vins de la Haute-Guyenne à Bordeaux ;

2° A la forme et à la contenance de la barrique du Haut-Pays de Guyenne ;

3° Aux formalités que les vins de cette province ont à remplir à leur arrivée à Bordeaux.

A ces documents, nous ajoutons les suivants :

Jurade de Bordeaux, du 13 décembre 1697, où il est question de marchands de Bordeaux qui vont acheter sur les lieux, contrairement aux statuts, des vins du Haut-Pays.

(Extrait)

« La cour ayant mandé MM. les Jurats, MM. de Borie et Bilate sont députés. A leur retour, ils raportent que la Cour leur avoit fait entendre qu'elle avoit des avis certains que, contre les statuts de la ville, divers marchands de cette ville étaient allés dans le Haut-Pays acheter et emparoler des vins pour les faire descendre aux Chartrons après la Noël, et qu'elle étoit résolue de nommer des commissaires pour informer de ces contraventions qui se sont commises dans un lieu où MM. les Jurats n'ont pas de juridiction... » La-dessus, led. sieur de Borie avait remercié la cour de son zelle pour la conversation des privilèges de la Ville, que MM. les Jurats tâcheraient de correspondre à sa vigilence, qu'ils avoient commencé à faire la recherche des contraventions tant de cette année que de la dernière, qu'à cet effet ils avoient fait la visite des chais aux Chartrons, et qu'il l'avait supliée de conserver la juridiction de MM. les Jurats dans la ville et banlieue, si elle nomme des commissaires pour la recherche desd. contraventions ; qu'ensuite, sur le réquisitoire de M. l'avocat général, elle avait nommé MM. de Primet et Duval commissaires pour informer desd. contraventions, et ordonné que MM. les Jurats continueroient de leur part les procédures qu'ils ont commencées.

(Arch. Municipales de Bordeaux. J. J. 29).

Arrêt de la Cour des Aides de Guyenne, du 17 décembre 1738, défendant le transport des vins du Haut-Pays dans le bordelois et le transport de barriques bordelaises dans le Haut-Pays.

(Résumé)

Dans cet arrêt, il est fait « defenses à toutes sortes de personnes de faire aucun transport du vins de Bazadois et du Haut-Pays en celui qui a droit de Jauge bordelaise ; comme aussi de transporter dans le Bazadois ou Haut-Pays des barriques de la Jauge Bordeloise, et de transvaser lesd. vins du Bazadois ou du Haut-Pays en barriques de lad. jauge Bordeloise, à peine de confiscation desd. vins, batteaux, bœufs et charrettes, et autres bêtes de voiture, et de cinq cens livres d'amende contre les propriétaires desd. vins ».

(*Arch. Municipales de Bordeaux*. H. H. 313.)

Arrêt du Parlement de Bordeaux, du 22 décembre 1738, portant défenses de faire descendre les vins du Haut-Pays dans les tems prohibés par les statuts, arrêts et transactions, et d'envoyer acheter sur les lieux des vins du Haut-Pays.

(Résumé)

Dans cet arrêt, il est fait defenses de meler, falsifier, ni transvaser les vins qui se recueillent dans la province de Guienne, de mettre dans les vins blancs aucune mixtion de sucre et de sirops, ni de faire descendre les vins du Haut-Pays dans les temps prohibés. Il est enjoint aux propriétaires, marchands des dits vins de faire aux Jurats la déclaration des chais où ces vins doivent être mis, « de remettre des certificats attestés par les officiers des lieux de la quantité des dits vins et du lieu où ils ont été recueillis »; ensemble une déclaration d'achat; puis, une déclaration de la vente qui en aura été faite pour les porter au Pays étranger... « comme aussi, en conformité du statut de la présente ville, fait inhibitions et defenses aux Bourgeois, manans et habitans d'icelle, d'aller ou envoyer acheter aucuns vins du Haut-Pays et de tous autres lieux hors du Diocèse de Bordeaux et Pays de nouvelle conquête, aux peines supportées par icelui ».

(*Arch. Départ. de la Gironde*. C. 1617.)

Les négociants de Bordeaux, en 1738, reconnaissent que le mélange des vins du Haut-Pays avec ceux de la Sénéchaussée de Bordeaux est une fraude.

(Extrait)

Dans un mémoire adressé au directeur de la Chambre de commerce de Bordeaux par les négociants de cette ville, on lit ceci :

« Vous venez d'entendre, Messieurs, publier l'arrêt du Parlement de cette ville, rendu le 22 décembre de cette année 1738, que de sages motifs ont occasionné. Il tend à réprimer la fraude par le mélange et la falcification des vins, qui ne peuvent devenir que très préjudiciables, de même que la fausse jauge ou mesure des barriques et versement des futailles du vin de Haut-Pays en celles du Diocèse. (1)

« Il n'y a point de négociant qui n'en connoisse la conséquence ; et rien ne paroit plus juste qu'en vertu des statuts de cette ville, on y tienne la main. »

(*Arch. Départ. de la Gironde*, C. 1616.)

L'intendant Boucher, dans un rapport du 29 août 1740, conclut en repoussant la demande de la Haute Guyenne de descendre ses vins à Bordeaux avant la Noël.

(Extraits)

« . . . Il y a bien de la témérité et de la hardiesse aux habitans du Pays d'Agenois et du Quercy de renouveller, après plus de cent ans, des demandes dont ils ont été déboutés par deux arrêts du Conseil, le premier, du 29 avril 1626... le second du 16 février 1736... »

« ... En effet, les privilèges de la Ville de Bordeaux pour empêcher la descente de ces vins avant... Noël sont fondés sur des Lettres patentes du mois de mars 1461, confirmées par d'autres du mois d'avril 1520, et par autres du mois d'aoust 1550. Le habitans de la Reolle, sous prétexte d'un arrêt qu'ils avoient obtenu au grand Conseil, ayant formé opposition à l'enregistrement des Lettres Patentes de 1550, furent déboutés de leur opposition par d'autres lettres patentes du Roy Henri II, du 28 juin 1551, lesquelles ordonnent l'exécution de celles de 1550, et que le vin de la Reolle et région circonvoisine et de Haut Pays, ni autre quelconque puisse descendre au devant de la dite ville de Bordeaux jusqu'à Noël... »

---

(1) L'étendue du Diocèse était sensiblement le même que celui de la Sénéchaussée : ces deux mots étaient souvent pris l'un pour l'autre.

Toutes ces lettres patentes ont été confirmées par d'autres du mois de juin 1565 et ensuite par tous les rois qui se sont succédés depuis. Déboutés de leur demande en 1626, puis en 1636, les habitants de la Haute Guyenne sont restés tranquilles jusqu'en 1739, « que les commissionnaires demeurant au faubourg des Chartrons, voulant se perpétuer dans la fraude qu'ils pratiquent depuis longtemps par le transvasement et le coupement des petits vins qui ne peuvent souffrir le trajet de la mer avec les vins du crû de la Sénéchaussée de Bordeaux, ont soulevé les habitants de Languedoc et du Haut Pays pour intenter une demande aussi injuste que mal fondée... ».

Boucher conclut ainsi : « ... faire inhibitions et deffenses aux habitants d'Agenois... de faire descendre leurs vins au port et Havre de Bordeaux avant la fête de Noël... ».

(Arch. Dép. Gironde. C. 1616).

Supplique au roi, en 1740, dans laquelle il est parlé de la qualité inférieure des vins de Marmande et de sa jauge plus petite que celle de Bordeaux.

(Extrait)

« Etienne Caussade, négociant à Bordeaux, ... supplie Votre Majesté d'observer... que la disette des vins de la Sénéchaussée de Guyenne les ayant portés cette année à un prix excessif, il n'á pu, sans s'exposer à une perte évidente, en acheter la quantité nécessaire pour la cargaison d'un vaisseau... Il a fallu qu'il s'attachât à des vins d'une qualité inférieure, tels que ceux de Marmande ; et en effet, il y quelques mois qu'il donna commission à son correspondant en cette ville d'en acheter pour son compte 130 tonneaux... avec ordre néanmoins de ne les faire descendre à Bordeaux qu'après Noël.

« Cette attention était nécessaire. Il faut savoir qu'avant Noël les seuls vins de la Sénéchaussée de Guyenne et du Pays de Nouvelle Conquête peuvent être conduits dans le port de Bordeaux. Ce n'est qu'après ce tems qu'on y peut faire descendre ceux du Haut-Pays, et, en un mot, tous ceux qui ne sont pas du cru de la Sénéchaussée ; et, alors, ils peuvent être achetés, soit par les marchands forains, soit par les négociants même de Bordeaux, pour être transportés dans les autres provinces du Royaume ou chez l'Etranger, ces vins ne se consommant pas dans la Sénéchaussée de Guyenne et ne pouvant même entrer que dans un des faubourgs de Bordeaux nommé les Chartreux... ou des celliers particuliers leur sont préparés.

« Une autre attention que le supliant ne peut se dispenser d'avoir, ce fut de faire visiter exactement les futailles dans lesquelles étoient les vins achetés pour son compte. Comme ceux du cru de Marmande n'ont pas été jusqu'à présent d'un grand débit, il est assez ordinaire qu'on les mette dans de vieilles futailles, presque toujours... de contenences inégales. Le supliant recommanda donc que toutes les barriques... fussent réduites à la jauge de Marmande, très différente de celle de Bordeaux et beaucoup plus petite, enfin que la continence des vaisseaux fut, suivant l'usage, une indication du cru des vins... »

(*Arch. Départ. Gironde*, C. 1615.)

Mémoire des Jurats de Bordeaux, de 1740, où il est rappelé que les vins de la Haute Guyenne ne peuvent descendre à Bordeaux avant Noël et y demeurer après le 1er Mai.

(Extrait)

Dans ce mémoire, rédigé pour la Ville de Bordeaux contre le syndicat général de la province du Languedoc et contre la communauté de la Haute Guyenne, on lit ceci :

« Les habitans de la Haute Guyenne allèguent en particulier deux arrêts du Conseil, l'un de 1499, l'autre de 1501, qui, par provision, avoient permis de faire descendre leurs vins à Bordeaux après la St-Martin ; mais, outre que ces arrêts sont contraires à la liberté indéfinie qu'ils prétendent avoir aujourd'hui de les faire descendre dans tous les tems de l'année, il est certain que la grâce provisoire que les habitans de la Haute Guyenne avaient alors obtenue, a été révoquée en définitive, et par Lettres Patentes du Roi Henry II, du 20 juin 1551, et par différens arrests, tant du Conseil que du Parlement, tous visés dans un dernier arrest du Conseil d'Etat, du 16 février 1636, contradictoire avec les Habitans de la Haute Guyenne, qui, entr'autres dispositions, contient un débouté formel de leurs demandes, *à fin de descente de leurs vins au Havre de Bordeaux avant la Fête de Noël.* »

Le mémoire conclut à ce qu'il soit fait iteratives defenses de descendre les Vins de la Haute Guyenne avant Noël et qu'il soit ordonné que ceux des dits vins qui n'auraient pas été vendus avant le 1er mai au plus tard, soient convertis en eaux-de-vie, ou remontés dans le Haut-Pays.

(*Arch. Départ. Gironde*, C. 1615.)

Arrêt du Conseil d'Etat, du 10 mai 1741, défendant aux vins de l'Agenois, la descente à Bordeaux avant Noël, mais les autorisant à y rester jusqu'au 8 septembre.

Voir le résumé donné dans notre Mémoire Ampliatif, p. 14.

Lettre du contrôleur général à Boucher, du 13 août 1743, l'informant que le roi ne veut autoriser l'entrepôt à Bordeaux des Vins de Clairac.

à Paris, le 13 Août 1743.

MONSIEUR,

Le sieur Boudet de Marsac, premier Consul de la Ville de Clairac, a demandé par un mémoire qu'il a présenté au Conseil, que, sans s'arrêter à l'arrêt du 17 mai 1741, qui fait itératives deffenses aux habitants du Haut Pays de faire descendre leurs vins dans le port de Bordeaux avant la feste de Noël de chaque année, ny d'y séjourner, et dans la sénéchaussée, passé le huit de septembre de l'année suivante, l'ancienne liberté de l'entrepôt du faubourg des Chartrons de Bordeaux, dont jouissoient les vins de Clai rac, soit retablie, et, en conséquence qu'il luy soit permis d'y laisser entreposer les siens dont il dit avoir une grande quantité, jusqu'à ce qu'il trouve occasion de les faire charger pour les isles françoises de l'Amérique, aprehendant que le retardement de l'arrivée des vaisseaux ne le mette dans l'impossibilité de pouvoir les faire evacuer avant le huit de septembre prochain qui est le tems fixé par cet arrêt du Conseil. Vous aurés agréable, Monsieur, de faire informer ce négociant que le Roy ne veut avoir aucun égard a sa demande et que l'intention de Sa Majesté est que l'arrêt de son Conseil, du 17 may 1741 (1), qui a été rendu avec la plus grande connaissance de cause, soit exécutté.

Je suis, etc.

Signé : ORRY.

(Arch. Départ. C. 1633. N° 1.)

(1) Lisez ici et plus haut 10 Mai 1741.

Lettre de Tourny à Trudaine, du 21 août 1749, relative à la demande des armateurs de Bordeaux qui, pour éluder l'arrêt du 10 mai 1741, veulent conserver, après le 8 Septembre, des vins du Haut-Pays sur des vaisseaux en rade.

(Extraits)

à Bordeaux, ce 21 août 1749.

MONSIEUR,

« Les mémoires signés d'un nombre assés considérable d'armateurs de la Ville de Bordeaux... m'avoient été par eux précédament présentés ; mais, voïant qu'ils avaient pour but d'éluder la disposition de deux fameux arrêts du Conseil, du 10 may 1741, sur la dessente des vins du Languedoc et de la Haute-Guienne au port de Bordeaux, après en avoir raisonné tant avec M. le Premier Président et M. le Procureur général du Parlement, qu'avec les Jurats, j'avais invité ces armateurs à se donner plus de mouvemens pour se trouver en état de satisfaire aux d. arrêts, que pour tâcher d'en faire changer les dispositions; leur donnant à entendre que, dans le premier cas, je leur procurerais les facilités que le bien du commerce pouvoit demander en leur faveur, et que, dans le second, ils trouveroient des contradictions trop formelles, trop fondées, pour qu'ils pussent espérer de réussir.

« Aux termes de ces arrêts... les vins du Languedoc ne peuvent entrer dans la Sénéchaussée de Bordeaux et arriver au fauxbourg des Chartrons, lieu assigné pour leur entrepôt, qu'après la St-Martin ; ceux de la Haute-Guyenne, qu'après Noël ; les uns et les autres n'y doivent point séjourner au-delà du 8 septembre de l'année suivante.....

« La nécessité de cette sortie embarasse les armateurs qui se pourvoient aujourd'huy. Ils demandent qu'en faisant embarquer, avant le 8 septembre, sur les vaisseaux qu'ils auront en armement pour les Iles de l'Amérique, tous les vins du Languedoc et du Haut-Païs qu'ils y destineront, ils ne soient point inquiétés, et que les Jurats ne puissent saisir ces vins comme en contravention. Leurs raisons sont, qu'étant embarqués dans le délai prescrit avec une destination fixe, et après l'acquit de tous les droits, ils sont censés avoir satisfait aux arrêts et doivent être tenus pour dûement sortis ; que ce n'est point la faute des armateurs, s'il arrive des contretems qui retardent le départ des vaisseaux...

« Ces raisons spécieuses ne resteront pas sans de fortes

repliques de la part des Jurats, qui, regardant cette affaire comme la plus importante que puissent avoir la ville et la sénéchaussée de Bordeaux, m'ont demandé le tems de faire un mémoire pour le soutien duquel le Parlement se joindra à eux. Le précis de ce mémoire sera, sans doute, qu'il est nécessaire à la sénéchaussée de Bordeaux en particulier, et avantageux au commerce en général, de conserver les vins de cette sénéchaussée dans le droit et possession de trois mois de privilège pendant lesquels ils n'aient point de concurence... ; que, si la demande faite aujourd'huy par quelques armateurs étoit reçue, elle détruiroit absolument le privilège de la sénéchaussée ; que leurs vaisseaux leur serviroient de magasins dans le port, de même que les selliers du fauxbourg des Chartrons ; qu'il ne partiroit plus de ces vins pendant les 3 mois en question, qu'il est facile aux armateurs de ne pas tomber dans le cas des embaras et des inconveniens qu'ils allèguent, qu'ils n'ont qu'à ne point charger de vins de Languedoc et de Haut Païs, mais de vins de la Sénéchaussée les navires qu'ils ne sont point certains de faire descendre au bas de la Rivière avant le 8 Septembre ; que, quand les négociants cherchent à charger dans le tems en question tant de vin de Languedoc ou du Haut Païs, ce n'est pas que la bonté de ces vins les y invite par préférence, ce n'est pas non plus pour le bien du commerce en général, n'y pour l'avantage des Iles de l'Amérique en particulier, c'est uniquement pour leur propre interest, en ce qu'aux aproches du terme fatal les propriétaires des vins de Languedoc et du Haut Païs se trouvent obligés d'abandonner à meilleur marché ceux qui leur restent ; et les négocians de Bordeaux, dans cette vue, font si bien qu'il en reste beaucoup ; en quoy, étant la pluspart commission naires des propriétaires du Languedoc et de la Haute-Guienne, ils gagnent sur eux doublement, d'un cotté, par la baisse du prix, de l'autre, par un loier plus long, qu'ils retirent du logement de ces vins.

« Vous serez peut-être étonné, Monsieur, que, depuis les arrêts de 1741, cette année soit la première où se discutte l'objet en question ; la raison en est qu'une partie de ce que les armateurs veulent faire autoriser, s'étoit introduit petit à petit et se pratiquoit secretement. L'année dernière, la découverte en fut faite à l'occasion d'un versement considérable de vins de la Haute Guienne qu'un négocians dans ce cas voulut faire d'un vaisseau en un autre, et qui fut saisie par les Jurats. Il se deffendit sur ce qu'il n'avoit fait que comme plusieurs. L'on connut alors ce qui se passoit sur la matière ; le négocians fut condemné. Il luy en couta par accommodement 10.000 fr. au profit des hôpitaux, et les Jurats repondirent qu'ils y regarderont deprès cette année ; ce qu'ils ont renouvellé, il y a 2 ou 3 mois...........

« Mon avis est que ces armateurs ne doivent point être écoutés du Conseil sur l'atteinte qu'ils veulent aujourd'huy donner aux arrêts du Conseil de 1741, et qu'il convient qu'ils scachent, plustot que plustard, que c'est la façon de penser du Conseil, afin qu'ils fassent tous leurs efforts pour ne se point trouver dans le cas de la contravention aux dispositions de ces arrêts. Mais, s'agissant de détruire un abus qui a déjà commencé à prendre racine et sur l'autorisation duquel on fondait quelque espérance, je crois aussi à propos de faire craindre plus de rigueur que d'en exercer,......

« J'ai l'honneur d'être, etc... »

Supplique des habitants de Clairac, de mars 1762, où ils demandent pour les vins de l'Agenais plusieurs libertés et notamment celle de se servir de la jauge bordelaise.

(Extrait)

« Les suplians osent se promettre que Votre Grandeur voudra bien s'employer auprès de Sa Majesté, afin qu'il luy plaise de les faire jouir des mêmes avantages que ses autres sujets et ordonne qu'il soit dorénavant permis aux habitans de Clairac, et autres communautés de l'Agenois et du Haut-Païs de Guienne de faire descendre leurs vins au port de Bordeaux dans tous les tems de l'année, comme aussy de les charger même après le 8 de septembre, de pouvoir loger lesd. vins dans des barriques de plus grande jauge, s'ils le jugent à propos, sans encourir le risque de confiscation de la part des Jurats ou de leurs commis à Langon, ou ailleurs, pour raison de lad. jauge... »

(*Arch. Départ. de la Gironde* C. 1617.)

Mémoire de l'Intendant Fargès, du 20 décembre 1767, où il est parlé des privilèges de Bordeaux relativement aux vins du Haut-Pays.

(Extrait)

Au sujet de ces privilèges, Fargès fait l'historique suivant: «Les premières Lettres patentes, visées dans d'autres de 1741, sont de 1461, sous Louis XI, et de 1486, sous Charles VIII. En 1741, il s'éleva une contestation entre les habitans de l'Agenois, de Quercy, de Ste-Foy, les Consuls de Nantes, le Sindic des Etats de Bretagne, qui, tous, voulaient faire tomber les privilèges de la ville de Bordeaux et vouloient que leurs vins eussent la liberté de descendre dans tous les tems de l'année. Ils paroissoient invoquer deux arrêts du Conseil des 4 Octobre 1499 et 16 Avril 1501, qui leur avoient donné la liberté qu'ils demandoient; du moins, prétendoient-ils la même liberté que le Languedoc.

« Les Jurats reclamoient l'exécution des anciennes Lettres patentes qui fixaient à Noël le tems de la descente des vins et vouloient que ceux qui n'étoient pas vendus au plutard au 1 may, fussent convertis en eau-de-vie. Ils renvoyent aux Lettres-patentes de 1461 et de 1486. Il paroit qu'ils joignirent des lettres de 1551, de 1561, de 1583, 1612, 1610, confirmatives des mêmes privilèges.

« L'avis des deux intendants de Bordeaux et de Montauban et celuy des députés du commerce fut rapporté, et, sur toute cette instruction, est intervenu l'arrêt qui ordonne l'exécution des anciennes lettres-patentes pour le tems de la descente; et renouvelle les défenses de couper et transvaser les vins; ordonne de même que les Vins qui ne seront pas vendus le 8 Septembre seront ou renvoyés ou convertis en eau-de-vie. Cet arrest fut revêtu de Lettres-patentes.

« Telles sont les fondements des privilèges de la Ville de Bordeaux; telle a été jusqu'à présent leur suite et leur exécution, malgré toutes les réclamations qu'ont essayé de faire dans tous les tems tant d'intérêts opposés. »

(*Arch. Dép. Gironde.* C. 1614).

Vers le milieu du XIXe siècle, les propriétaires de la Gironde se plaignent au Gouvernement d'être ruinés par le mélange des vins de Haut-Pays avec ceux du territoire bordelais.

(Résumé)

« De tous temps, les vins qui descendaient à Bordeaux

par la Garonne et la Dordogne étaient sujets à des droits ; et, de tous temps, les vastes pays qui s'étendent jusqu'aux sources de ces deux rivières, étaient regardés comme le grenier de notre département et de nos colonies. Depuis la Révolution, ces péages ayant été abolies, leurs plus fertiles champs...... n'y sont plus hérissés que de vignes, et quoique ces vignes ne produisent que de mauvais vins, *l'adroit mélange qu'en font les marchands avec ceux de ce département, en facilite les débouchés ;* ce qui va porter une si funeste atteinte à la réputation de ces derniers, que, perdant leur concurrence avec ceux d'Espagne et de Portugal, nous allons non seulement nous livrer au dégoût de l'étranger, mais même l'éloigner de nos ports.... »

« Le département de la Gironde dont les fonds...... ne peuvent produire que des vins, outre les fléaux... se voie de plus en plus épuisé par les énormes dépenses qu'elles exigent,.... des engrais.... ; la cherté des manœuvres, la rareté du numéraire, jointe à la chute de leur prix...... y menacent les habitans de la plus affreuse pénurie. Les peuples du Haut-Pays, au contraire, ne multiplient leurs vignes que pour accroître leur opulence.... Quel parti prendra-t-elle dans une année disetteuse, puisque l'abondance la ruine ? A-t-elle perdu de vue les années 1793 et 1794, où, pendant leurs cours, elle ne trouva d'autre subsistances que dans les herbages destructifs.

...... Le Gouvernement n'a besoin que de rétablir sur les vins les péages qui ont existé de tous temps, tant à Langon sur Garonne, qu'à Libourne sur la Dordogne ; alors, leurs droits, qui pourraient s'élever jusqu'à 50 livres par tonneau, n'atteindraient que les grands vins du Querci et du Languedoc, qui, par leur haut prix, en supporteraient facilement la taxe ; et *Bordeaux, inondé depuis dix ans par cette quantité de mauvais vins, qui, mélangés avec ceux de son territoire, en détruisent la réputation*, les verrait bientôt remplacés par des denrées dont sa population et son commerce ne sauraient se passer.... »

Mémoire adressé au Gouvernement par les propriétaires du département de la Gironde concernant leurs vins.

(*Arch. Mun. de Bordeaux*. Brochures. n° 12.)

Valeur de l'hectolitre des vins du Lot-et-Garonne en 1902.

Monflanqnin	32	Fr.	Houeilles	20	Fr.
Penne	28	»	Lavardac	23	»
Ste Livrade	25	»	Mezin	20	»
Tournon	30	»	Nérac	22	»
Villeneuve	26	»	Bouglon	25	»
Villeréal	27	»	Lauzun	24	»
Agen	21	»	**Marmande**	**20**	»
Astaffort	22	»	Mas d'Agenais	24	»
Beauville	30	»	Meilhan	23	»
Laplume	25	»	Leyches	22	»
Laroque	25	»	Tonneins	25	»
Port Ste-Marie	25	»	Duras	22	»
Prayssas	22	»	Castelmoron	24	»
Puymirol	24	»	Cancon	30	»
Casteljaloux	28	»	Castillionnès	26	»
Damazan	26	»	Fumel	33	»
Francescas	21	»	Monclar	23	»

(Granat, *Livre d'or des Vins de l'Agenais*, P. 152.)

www.ingramcontent.com/pod-product-compliance
Ingram Content Group UK Ltd.
Pitfield, Milton Keynes, MK11 3LW, UK
UKHW020411250726
13967UKWH00006B/2584

9 782012 922419